GARGOURI Maroua
MARRAKCHI Chakib

Guia "Hepatite viral A: Diagnóstico e tratamento"

GARGOURI Maroua
MARRAKCHI Chakib

Guia "Hepatite viral A: Diagnóstico e tratamento"

Público-alvo: Internos, médicos de clínica geral, residentes em doenças infecciosas e residentes em medicina familiar

ScienciaScripts

Imprint

Any brand names and product names mentioned in this book are subject to trademark, brand or patent protection and are trademarks or registered trademarks of their respective holders. The use of brand names, product names, common names, trade names, product descriptions etc. even without a particular marking in this work is in no way to be construed to mean that such names may be regarded as unrestricted in respect of trademark and brand protection legislation and could thus be used by anyone.

Cover image: www.ingimage.com

This book is a translation from the original published under ISBN 978-620-6-72862-7.

Publisher:
Sciencia Scripts
is a trademark of
Dodo Books Indian Ocean Ltd. and OmniScriptum S.R.L publishing group

120 High Road, East Finchley, London, N2 9ED, United Kingdom
Str. Armeneasca 28/1, office 1, Chisinau MD-2012, Republic of Moldova, Europe
Printed at: see last page
ISBN: 978-620-3-61646-0

Pré-teste :

MCQ1: Que vírus são preferencialmente hepatotrópicos?

A - Vírus da hepatite A

B - Vírus da hepatite C

C - Vírus da hepatite B

D - Vírus da gripe

E - Vírus da varicela

Respostas: ABC

MCQ 2: Que sinais são sugestivos de hepatite aguda?

A - Icterus

B - Sinal de MurphyC - Artralgias

D - Defesa do hipocôndrio direito

E - Astenia

Respostas: ACE (sintomas)

MCQ 3: Sobre o vírus da hepatite A

A - É um vírus ARN

B - É um vírus que é resistente no ambiente externo

C - É transmitida por via fecal-oral

D - É transmitida através da corrente sanguínea

E - Transmite-se por via sexual

Resposta: ABC (epidemiologia + modos de transmissão)

MCQ 4 Que tratamento deve ser iniciado para a hepatite viral comum aguda?

A- Entecavir

B- Vitamina K

C- Paracetamol para alívio das dores

D- Interferão a2a

E- Tratamento sintomático

Resposta E (tratamento)

MCQ 5: Que método é utilizado para confirmar o VHA agudo?

A- Detetar anticorpos IgM contra o VHA no sangue.

B- Detetar anticorpos IgG contra o VHA no sangue.

C- Detetar antigénios específicos do VHA no sangue.

D- Deteção de proteínas de superfície específicas do VHA no sangue.

E- Detetar o ARN específico do VHA no sangue.

Respostas: A (diagnóstico virológico)

Descrição do curso

Introdução

A hepatite A é uma doença infecciosa aguda do fígado causada pelo vírus da hepatite A. É também conhecida como "doença das mãos sujas", porque é mais frequentemente transmitida através do contacto fecal-oral com alimentos ou água contaminados. Todos os anos, cerca de 10 milhões de pessoas em todo o mundo são infectadas com o vírus.

Nos países emergentes e nas regiões onde as condições de higiene são deficientes, a incidência da infeção pelo vírus é próxima de 100% e a doença é geralmente contraída na primeira infância. A infeção pelo vírus da hepatite A não provoca sinais ou sintomas clínicos detectáveis em mais de 90% das crianças e, uma vez que a infeção confere imunidade para toda a vida, a doença não tem particular importância para a população indígena.

Noutros países industrializados, por outro lado, a infeção é contraída principalmente por jovens adultos não imunes, a maioria dos quais é infetada pelo vírus durante viagens a países com uma elevada incidência da doença.

A hepatite A não apresenta qualquer risco de evolução para uma forma crónica e não provoca lesões crónicas no fígado. Após a infeção, o sistema imunitário produz anticorpos contra o vírus da hepatite A, o que confere ao doente imunidade contra futuras infecções. A doença pode ser prevenida através da vacinação contra a hepatite A, que se revelou eficaz no controlo de surtos epidémicos em todo o mundo.

Epidemiologia

O vírus da hepatite A é altamente resistente no ambiente externo. O reservatório é estritamente humano. Estima-se que 100.000 pessoas sejam infectadas por ano em todo o mundo e que haja uma média de 1.200 casos por ano em França, dos quais cerca de 40% são importados.

A contaminação humana ocorre indiretamente através da ingestão de água ou alimentos contaminados, ou diretamente através do contacto com as fezes de uma pessoa infetada (perigo fecal).

Nos países onde as condições de higiene são boas, a circulação do vírus é baixa (seroprevalência

< 15%), as pequenas epidemias são a norma. É o caso dos homens que praticam sexo com homens (HSH), daí a recomendação de vacinar esta população.

Se os níveis de higiene forem baixos, as crianças são infectadas antes dos 10 anos de idade, geralmente de forma assintomática (a seroprevalência é de 70-100%). Uma vez que a infeção confere imunidade a longo prazo, as epidemias são raras.

Nos países onde as condições de higiene são intermédias, as infecções ocorrem mais tarde na vida e são mais frequentemente sintomáticas (seroprevalência de 15-70%), podendo ocorrer grandes epidemias.

As zonas de distribuição geográfica podem ser caracterizadas pela sua taxa de infeção: baixa, média ou alta. No entanto, a infeção não significa necessariamente doença, uma vez que os bebés infectados com o vírus não apresentam quaisquer sintomas visíveis.

Nos países de baixo e médio rendimento, onde as condições sanitárias e as práticas de higiene são insatisfatórias, a infeção é comum e a maioria das crianças (90%) é infetada pelo VHA antes dos 10 anos de idade, na maioria das vezes de forma assintomática. Nos países de elevado rendimento, onde as condições sanitárias e de higiene são boas, as taxas de infeção são baixas. A doença pode ocorrer em adolescentes e adultos pertencentes a grupos de alto risco, como os consumidores de drogas injectáveis, os homens que praticam sexo com homens, os viajantes para zonas altamente endémicas e os membros de populações isoladas (comunidades religiosas fechadas, por exemplo).

Nos Estados Unidos, foram registados surtos em grande escala entre os sem-abrigo. Nos países de rendimento médio e nas regiões com condições sanitárias variáveis, as crianças escapam frequentemente à infeção na infância e chegam à idade adulta sem imunidade.

Figura 1: Distribuição mundial da hepatite A (OMS 2012)

Modos de transmissão

Modos de transmissão :

O vírus da hepatite A é transmitido principalmente por via fecal-oral, ou seja, quando uma pessoa não infetada ingere água ou alimentos contaminados com matéria fecal de uma pessoa infetada. No seio da família, esta transmissão pode ocorrer quando uma pessoa infetada prepara alimentos para os membros da família com as mãos sujas. Os surtos de origem hídrica, embora raros, estão geralmente associados à utilização de águas residuais contaminadas ou de água inadequadamente tratada.

O vírus também pode ser transmitido por contacto físico próximo com uma pessoa infetada (por exemplo, durante o sexo oral ou anal), mas não é transmitido através do contacto normal entre pessoas.

Virus de l'Hépatite A : épidémiologie

- **Transmission féco-orale**

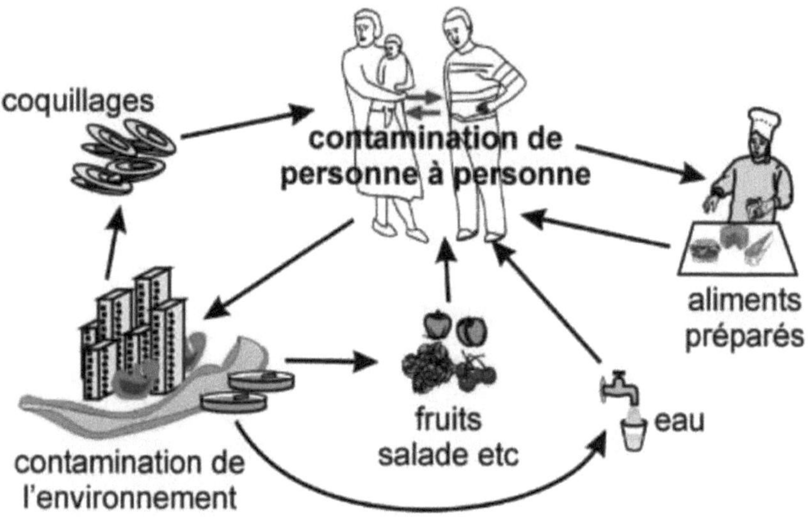

Fisiopatologia

Fisiopatologia :

Na maioria dos casos, o vírus entra no corpo por via oral e, devido à sua resistência a condições ácidas, atinge as vilosidades intestinais depois de passar pelo estômago. Parece que pode ocorrer uma fase inicial de replicação viral nas células intestinais, após a qual o vírus atinge o fígado, o órgão alvo do vírus, através da corrente sanguínea. Embora não sejam visíveis sintomas clínicos nesta fase, a replicação viral aumenta nos hepatócitos e o vírus é excretado na bílis, terminando nas fezes em concentrações que podem atingir 109 por grama de fezes. No final desta primeira fase assintomática, que dura cerca de 4 semanas, o vírus encontra-se também no sangue. O vírus não é citopático nas células do fígado e modula a resposta imunitária do hospedeiro, o que explica a fase de incubação relativamente longa. Após a resolução da infeção, o ARN viral pode ser encontrado no sangue e nas fezes durante 2 a 3 meses, o que não significa necessariamente que o vírus infecioso tenha sido excretado.

Sintomas

Os sintomas da infeção pelo VHA, muitas vezes ausentes ou pouco visíveis, aparecem 2 a 6 semanas após a infeção (período de incubação). O doente é infetado 2 semanas antes do aparecimento dos sintomas e até 2 semanas após o seu desaparecimento.

Em crianças com menos de 6 anos, as formas sem sintomas da hepatite A são as mais comuns
(70 %),

Nas crianças mais velhas e nos adultos, a proporção de formas com sintomas aumenta
com a idade... tal como a gravidade da hepatite A.

A taxa de mortalidade entre adultos hospitalizados por hepatite A pode exceder 1% em adultos com mais de 50 anos.

Pouco específicos, os sintomas, quando existem, são variados e incluem 2 fases:

Uma fase pré-ictal que dura 1 a 3 semanas, marcada por febre, fadiga, dores de cabeça, dores abdominais, náuseas, diarreia, perda de apetite, dores articulares e musculares e urticária. Estes sinais diminuem e desaparecem nos dias que se seguem ao aparecimento da iterícia. Uma fase de iterícia (coloquialmente conhecida como "iterícia") com os seguintes sintomas: pele e olhos amarelos, urina escassa e escura, fezes descoloridas e, raramente, prurido.

SINTOMAS DA

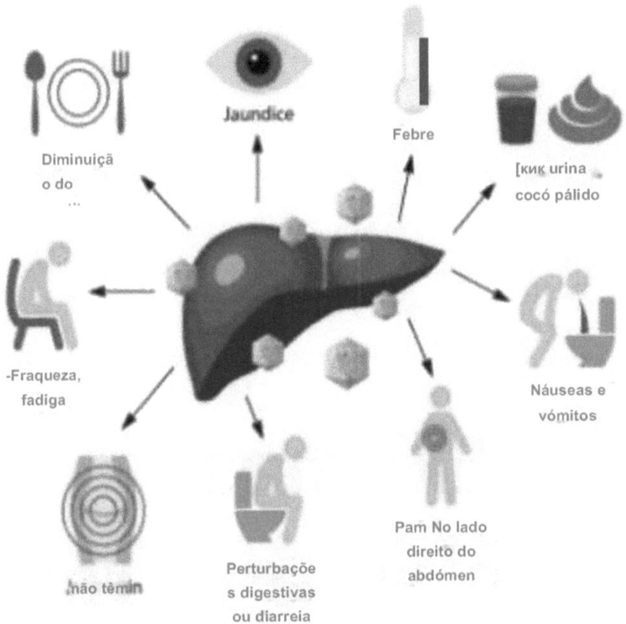

Deve ser salientado o efeito deletério da toma simultânea de paracetamol, que aumenta consideravelmente o risco de hepatite fulminante, especialmente quando são ingeridas doses elevadas. A hepatite fulminante é rara.

Os sinais geralmente desaparecem num mês, mas a fadiga pode persistir até 6 meses. A hepatite A nunca se torna crónica, mas após o episódio inicial, pode ocorrer uma recaída dos sintomas em 3-20% dos casos, mas desaparece sem sequelas.

Exames complementares

Durante a fase aguda da infeção, outros testes laboratoriais mostram :

- Citólise constante da hepatite: as células hepáticas danificadas libertam no sangue o seu conteúdo enzimático, nomeadamente a alanina aminotransferase (ALAT), que pode ser encontrada em níveis muito elevados (20 a 40 vezes os valores normais) mas que, isoladamente, não tem qualquer valor prognóstico.

- Retenção de bílis no sangue: aumento variável da bilirrubina com predomínio da bilirrubina conjugada.

- O nível de protrombina deve ser sistematicamente verificado: um valor inferior a 40 ou 50% pode indicar um risco de insuficiência hepática aguda (muito rara, mas muito grave).

Os exames imagiológicos (fígado, vesícula biliar, etc.) podem ser úteis em função do caso (dúvida diagnóstica, co-morbilidades, etc.).

Sinais biológicos de gravidade: Para além da citólise maciça e da bilirrubina elevada, os distúrbios da coagulação (TP < 50%, queda dos factores II, V++, VII, IX), associados ou não a DIC (trombocitopenia e níveis elevados de D-dímero, para além dos distúrbios dos factores de coagulação), são os principais factores de mau prognóstico, tal como a hiperfosfatemia.

Os sinais e sintomas da doença surgem mais frequentemente nos adultos do que nas crianças.

A gravidade da doença e as consequências fatais são maiores nos grupos etários mais velhos.

As crianças infectadas com menos de 6 anos geralmente não apresentam sintomas visíveis e apenas 10% desenvolvem iterícia.

A hepatite A provoca, por vezes, recaídas, ou seja, uma pessoa que acabou de ser curada volta a adoecer e tem outro episódio agudo, que, no entanto, conduzirá à cura.

Factores de risco para a hepatite A

Factores de risco para a hepatite A

Qualquer pessoa que nunca tenha sido vacinada ou que tenha sido infetada anteriormente pode ser infetada pelo VHA. Em áreas onde o vírus está disseminado (altamente endémico), a maioria dos casos ocorre na primeira infância. Os factores de risco incluem os seguintes:

1) Saneamento inadequado ;

2) Falta de higiene pessoal

3) Falta de água potável;

4) Permanecer ou viajar para regiões endémicas onde as condições de higiene são más, com sistemas de purificação da água inadequados ou inexistentes,

5) Não vacinação num país onde o vírus está a circular,

6) Medidas de higiene pessoal ou colectiva inadequadas,

7) Trabalhar em estações de tratamento de águas residuais.

8) Pessoas não imunizadas que viajam para zonas altamente endémicas.

Diagnóstico virológico

Diagnóstico virológico :

O diagnóstico virológico baseia-se <u>em</u> grande medida <u>na serologia</u>. Durante a fase aguda, quando a citólise está ligada à resposta imunitária antiviral, a presença de IgM anti-HAV é altamente específica para a hepatite A aguda (Fig. 4). Há uma série de regras fundamentais que devem ser observadas aquando da indicação e interpretação deste teste. A pesquisa de IgM anti-HAV só deve ser efectuada num contexto clínico sugestivo de hepatite; fora destas circunstâncias, existe um risco significativo de reatividade falsa positiva. Não se deve esquecer que muitos vírus induzem citólise hepática, normalmente moderada na fase aguda, e que a estimulação policlonal por certos vírus do grupo dos herpes pode induzir uma falsa reatividade nos testes de deteção de Ig. O risco de um falso negativo é baixo, mas pode ocorrer logo no início da citólise (fim da fase prodrómica), particularmente quando o doente ainda está febril. Neste caso, o teste IgM deve ser repetido nos dias seguintes (1-3 dias). É de salientar que a IgM pode ser detectada durante a vacinação contra o VHA nas semanas seguintes à injeção; isto não deve ser confundido com hepatite aguda! O principal objetivo da pesquisa de IgG ou de anticorpos totais anti-HAV é verificar o estado imunitário. Uma serologia positiva, ou seja, um título >20 UI/mL, indica um contacto prévio com o vírus ou imunidade conferida pela vacinação. Esta imunidade é considerada persistente e protegerá contra qualquer infeção pelo VHA para o resto da vida do indivíduo.

É obviamente possível detetar o ARN do VHA através de técnicas de <u>RT-PCR,</u> quer no sangue durante a fase de viremia, quer nas fezes ou mesmo no fígado no momento da citólise. Esta investigação genómica não tem qualquer utilidade no diagnóstico médico de rotina, mas é útil para documentar o perfil genotípico de uma estirpe durante uma epidemia ou para detetar uma possível contaminação de um produto alimentar ou do ambiente. A avaliação do nível de viremia num doente agudo não fornece informações úteis para a gestão clínica. Como parte da investigação de uma epidemia, particularmente em crianças pequenas, é possível detetar os anticorpos segregados na saliva para determinar a extensão da epidemia. Esta abordagem é menos invasiva do que uma análise de sangue e, embora menos sensível do que um diagnóstico sérico, é suficiente para determinar o número de casos afectados.

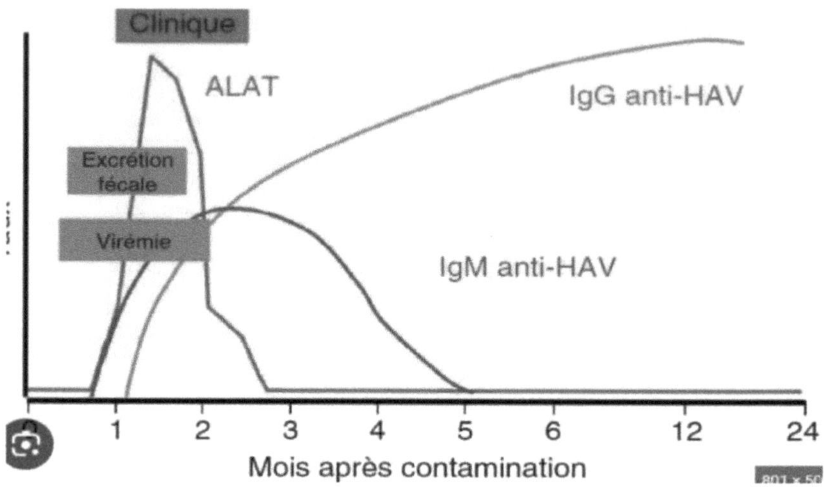

Clinique
ALAT
Excrétion fécale
Virémie
IgG anti-HAV
IgM anti-HAV
1
2
3
4
5
6
12
24
Mois après contamination

Tratamento

Tratamento

Não existe um tratamento específico para a hepatite A. Os sintomas podem demorar várias semanas ou mesmo meses a desaparecer.

É importante evitar qualquer medicação desnecessária que possa afetar a função hepática, como o paracetamol.

Na ausência de insuficiência hepática aguda, a hospitalização não é necessária. O tratamento destina-se a manter o doente confortável e a manter um equilíbrio nutricional adequado, nomeadamente repondo as perdas de líquidos devidas aos vómitos e à diarreia.

Prevenção

Prevenção

A melhoria do saneamento básico, a segurança alimentar e a vacinação são as formas mais eficazes de combater a hepatite A.

Dado que o vírus é excretado em grandes quantidades nas fezes e é resistente no ambiente, qualquer pessoa infetada deve ser imediatamente informada do risco significativo de transmissão do vírus às pessoas que a rodeiam.

PREVENTION DÈ L'HEPATITE A

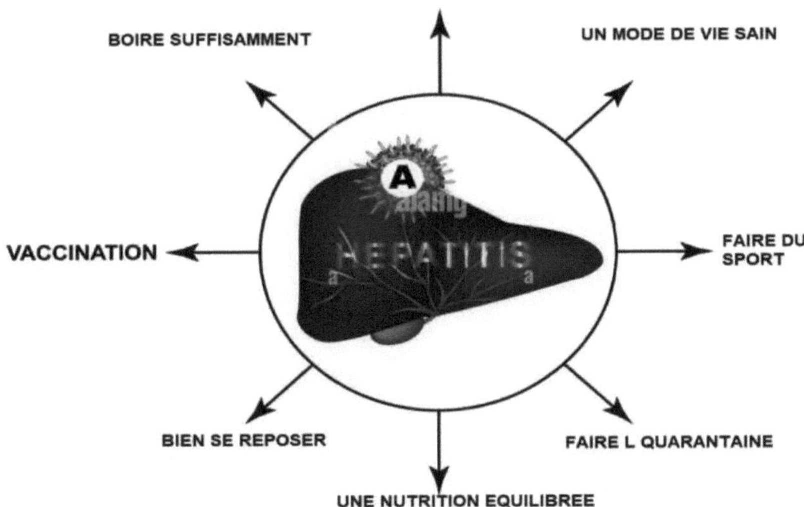

O primeiro passo será recordar à pessoa infetada as regras estritas de higiene para evitar a transmissão secundária.

A segunda medida consistirá em avaliar a necessidade de vacinar as pessoas que as rodeiam. Com efeito, recomenda-se que todas as pessoas em contacto com uma pessoa com hepatite A aguda sejam vacinadas o mais rapidamente possível (idealmente no prazo de 14 dias após o contacto de alto risco), sem que seja necessário verificar o estado serológico das pessoas em risco. Esta medida demonstrou ser altamente eficaz para quebrar as cadeias de transmissão durante epidemias localizadas. Será dada especial atenção aos adultos, nomeadamente aos idosos, a fim de limitar o risco de hepatite grave nestas pessoas.

Não se esqueça de comunicar o caso ao abrigo do regime de comunicação obrigatória.

A vacina contra a hepatite A foi incluída no calendário de vacinação tunisino a partir do ano letivo 2018-2019 para os alunos do primeiro ano do ensino básico. A vacina é composta por vírus inactivados das estirpes HM175, GBM ou CR 326F, consoante o fabricante, e cultivados em células MRC5. O esquema de vacinação baseia-se em duas injecções, geralmente com um intervalo de 6 a 12 meses. A eficácia da vacina é excelente (95%). Até à data, a imunidade parece ser persistente para toda a vida, e não há recomendação para um reforço subsequente. Para verificar se um indivíduo foi imunizado, pode ser efectuado um teste de anticorpos anti-HAV. Um título positivo indica proteção contra a infeção.

A vacinação é recomendada a partir de 1 ano de idade para todos os viajantes que vão permanecer num país onde o nível de higiene é baixo, independentemente das condições da estadia. É particularmente recomendada para pessoas com doença hepática crónica ou fibrose cística.

Um exame serológico antes da vacinação (pesquisa de anticorpos anti-HAV totais ou IgG) é relevante para pessoas com antecedentes de iterícia, que tenham passado um período prolongado de tempo ou a sua infância numa área endémica ou que tenham nascido antes de 1945. A presença de anticorpos anti-HAV (IgG) indica imunidade prévia e não justifica a administração de doses de vacina.

Calendário de vacinação

Para adultos e crianças a partir de 1 ano:

- 1ª dose pelo menos 15 dias antes da partida

- 2ª dose (reforço) 6 a 18 meses depois (consoante a especialidade escolhida),

e, posteriormente, válido para toda a vida.

propagação do vírus :

- um abastecimento adequado de água potável;

- eliminação adequada das águas residuais nas comunidades; e

- A aplicação de práticas de higiene pessoal, em especial a lavagem
regular das mãos antes das refeições e depois de usar a casa de banho.

Ação da OMS para evitar a propagação da hepatite A

Ação da OMS para prevenir a propagação da hepatite A :

As estratégias da OMS orientam o sector da saúde na implementação de acções estratégicas específicas para atingir os objectivos de erradicação da SIDA, das hepatites virais (em especial das hepatites crónicas B e C) e das infecções sexualmente transmissíveis até 2030.

Estas estratégias recomendam medidas comuns e acções nacionais dirigidas a doenças específicas, elas próprias apoiadas pela ação da OMS e dos seus parceiros. Têm em conta a evolução epidemiológica, tecnológica e das tendências nos anos anteriores, promovem a aprendizagem entre as diferentes doenças em causa e abrem oportunidades para aproveitar as inovações e criar novos conhecimentos para responder eficazmente a estas doenças. Apelam também à intensificação da prevenção, do rastreio e do tratamento das hepatites virais, centrando-se nas populações e comunidades mais afectadas e em risco para cada doença, assegurando que as lacunas sejam colmatadas e as desigualdades abordadas. Incentivam sinergias no âmbito da cobertura universal de saúde e dos cuidados de saúde primários e contribuem para a realização dos objectivos da Agenda 2030 para o Desenvolvimento Sustentável.

A OMS está a organizar campanhas do Dia Mundial das Hepatites - uma das suas nove campanhas anuais emblemáticas - para aumentar a sensibilização e a compreensão das hepatites virais. Para o Dia Mundial das Hepatites de 2023, a OMS centra-se no tema "Uma vida, um fígado" para ilustrar a importância do fígado para uma vida saudável e a necessidade de intensificar a prevenção, o rastreio e o tratamento das hepatites virais para evitar doenças hepáticas e alcançar o objetivo de eliminar a hepatite até 2030.

Factos essenciais

- A hepatite A é uma inflamação do fígado que pode evoluir de ligeira a grave.

- O vírus da hepatite A (VHA) é transmitido pela ingestão de água ou alimentos contaminados ou pelo contacto direto com uma pessoa infetada.

- Quase todas as pessoas que contraem hepatite A recuperam completamente e ficam imunes para o resto da vida. No entanto, uma percentagem muito pequena de pessoas infectadas com o VHA pode morrer em consequência de uma hepatite fulminante.

- O risco de infeção pelo VHA está ligado à falta de água potável e a más condições de saneamento e higiene.

- Existe uma vacina segura e eficaz para prevenir a hepatite A.

Pós-teste :

1) Como é que o VHA é transmitido?

A - Transmissão vertical de mãe para filho

B- Transmissão através de contacto físico próximo com um

pessoa infectadaC - Transmissão por ingestão

alimentos contaminados

D- Transmissão por ingestão de água contaminada

E- Transmissão por transfusão de sangue

Resposta: BCD (modos de transmissão)

2) Quais são os factores de risco para a infeção pelo VHA?

A- falta de água potável ;

B- relações sexuais com uma pessoa que sofra de hepatite A aguda ;

C- Consumo de drogas intravenosas

D- Tratamento com corticosteróides

E- circulação de pessoas não imunizadas em zonas altamente endémicas

Respostas ABE (factores de risco para a hepatite A)

3) Interpretar este perfil serológico: IgM anti-HAV - , IgG anti-HAV +.

A - Infeção aguda pelo vírus da hepatite A

B - Infeção aguda fulminante pelo vírus da

hepatite A C - Infeção de longa data com

vírus da hepatite A

D - Infeção crónica com

hepatite A E - Nenhuma destas

propostas

Resposta C (diagnóstico virológico)

4) Quais são as três medidas preventivas contra a infeção pelo VHA?

A- Um abastecimento adequado de água potável ;

B- Eliminação adequada das águas residuais nas comunidades

C- a aplicação de práticas de higiene pessoal

D- Vacinas inactivadas injectáveis contra a hepatite A

E- Utilização de vestuário de manga comprida

Respostas ABCD (prevenção)

Referências

1. Hepatite A, Organização Mundial de Saúde.

   https://www.who.int/fr/news-room/fact-sheets/detail/hepatitis-a

2. Vírus da hepatite A (HAV) , Vincent Thibault. https://www.sfm-microbiologie.org/wp-content/uploads/2019/02/VirusHEPATITE-A.pdf

3. Hepatite A , **_Sonal Kumar_**, *MD, MPH, Weill Cornell Medical College Verificado/Revisto em julho de 2024, versão para consumidores de manuais MSD* https://www.msdmanuals.com/fr/accueil/troubles-du-foie-et-de-la-v%C3%A9ciliary-liver/h%C3%A9patitis/h%C3%A9patitis-a

4. Compreender a hepatite A, seguro de saúde.

   https://www.ameli.fr/assure/sante/themes/hepatite/comprendre-hepatite

5. Hepatite A. https://www.elsan.care/fr/pathologie-et-treatment/infectious-and-tropical-diseases/hepatitis-a

I want morebooks!

Buy your books fast and straightforward online - at one of world's fastest growing online book stores! Environmentally sound due to Print-on-Demand technologies.

Buy your books online at
www.morebooks.shop

Compre os seus livros mais rápido e diretamente na internet, em uma das livrarias on-line com o maior crescimento no mundo! Produção que protege o meio ambiente através das tecnologias de impressão sob demanda.

Compre os seus livros on-line em
www.morebooks.shop